鹹派 ✕
水果塔
30款法式
人氣派塔

ひとつの生地で気軽に作る
フランス仕込みのキッシュとタルト

若山曜子 著

賴惠鈴 譯

學會一款經典酥脆塔皮

做出檸檬塔、翻轉蘋果塔、雞肉蔬菜鹹派，可甜可鹹的美味

前言

聽到「塔」，大家會想到什麼？

學生時期看到的塔通常是堆滿新鮮水果和軟綿綿的鮮奶油，而底下的塔皮就像用來盛裝奶油的容器，非常低調，不搶風頭。

雖然塔好吃又好看，但美味的來源似乎還是以鮮奶油為主。我甚至想過「乾脆不要塔皮算了，直接用鬆鬆軟軟的海綿蛋糕來做還比較輕盈」。

但是我在法國吃到的塔，大大地顛覆了我對它的印象。無論是麵包店、糕餅店、咖啡廳，都擺滿了各式各樣的鹹派和塔，午餐時間簡直供不應求。

去朋友家玩的時候，因為作法不難，也經常出現在朋友家的餐桌上，可以說是法國人的家常風味。有時是烤得有點焦，看起來很粗獷的鹹派；有時是擺滿新鮮水果，色彩繽紛的塔。

然而，無論是什麼餡料，底下的塔皮無不貨真價實地強調著自己的存在感。咬下一口，口中必定會充滿麵粉與奶油的香味，這就是塔的迷人之處。

用牙齒咬碎底下的塔皮，可以充分地感受到餡料的風味。與烤得酥脆的塔皮一起吃，更能享受到水果多汁的口感、蛋與培根綿密的滋味，絕對比單吃更好吃。

水果塔和鹹派都是因為有底下的塔皮，才算完整的食物。我在法國才明白這個

再自然不過的道理。

雖說都是塔皮，但塔皮的種類卻也琳瑯滿目。依據有沒有使用蛋、砂糖的分量、奶油的狀態等材料的差異，作法也有很大的不同。

這本書將為各位介紹可以做成甜口味，也可以做成鹹口味，風味最單純的塔皮。酥脆可口、充滿存在感的塔皮不僅可以用來盛裝餡料，還能突顯出餡料的魅力。

如果覺得製作鹹派和塔很麻煩，請先將塔皮擀開，切成適當的大小，撒上砂糖或鹽烘烤。光吃塔皮應該也能充分感受到麵粉與奶油的香味，邊吃邊思考要填入什麼餡料的時光也別有一番樂趣。

最後我會再介紹製作塔皮時不可或缺的美味重點。雖然需要多費一道工，請先預烤一次塔皮（盲烤），這麼一來，無論放上什麼食材，都能確保香脆的口感。

而且等到烤出漂亮的顏色，覺得差不多好了的時候，請耐著性子再烤兩、三分鐘。烤到覺得是不是有點過頭之後，無論放上什麼食材，都能確保香脆的口感。

酥脆的焦香口感正是派塔最美味的精髓。

若山曜子

目錄

Part 1
製作塔皮

Part 2
鹹派

這本書的用法

· 1 小匙為 5 毫升，1 大匙為 15 毫升，1 小撮為大拇指、食指、中指三根手指的指尖抓起來的量。

· 主要的工具與材料請參照 p.102 ～ 103 的「基本的工具、基本的材料」。

· 烘烤的時間及溫度皆以電烤箱為準。性能依熱源或機種而異，因此請配合使用的機器進行調整。

· 請遵照各作法的建議時間來預熱烤箱。

· 加熱的火候以使用瓦斯爐為準。如果使用的是 IH 爐，請參考 IH 爐的標示。

· 微波爐以 600 瓦的火力為準。如果是 500 瓦的微波爐請加到 1.2 倍，如果是 700 瓦的微波爐則以 0.9 倍的時間加熱。

· 鹽使用天然鹽，橄欖油使用特級初榨冷壓橄欖油，黑胡椒使用粗粒黑胡椒。

Part 3

塔

Part 4

變化版&下酒菜塔派

派塔是法國人餐桌上的家常風味，
各有各的差別與魅力

　　擀開麵團，鋪進烘焙模具，再放上奶液或配料下去烤的塔據說起源於法國。塔皮可分成兩種，一種是稱為「法式甜塔皮」（pâté sucrée）或「油酥塔皮」（pâte sablée）的甜麵團；另一種則是稱為「基本塔皮」（pâté brisée）」的不甜麵團。從與水果、奶油很對味的甜塔，到與起司、肉、蔬菜等很合拍的鹹派，可以配合配料變換派皮，做出很多變化。

　　用不甜的麵團做成塔皮，加入食材，再淋上由蛋及乳製品調和的蛋奶液「appareil」烘烤而成的製品，是日本人也很熟悉的鹹派。換言之，鹹派就是一種塔。在法國，塔和鹹派皆屬於家庭料理之一，每個家庭會加入自己偏愛的食材或水果。

　　法國人非常喜歡塔皮酥酥脆脆的口感，為了烤出酥脆的塔皮，不只塔模，也有很多法國人會用底部直接貼著烤盤的不鏽鋼塑型環（塔圈）來烘烤。鹹派要倒入大量的餡料，所以使用的是耐熱玻璃製的砂鍋（深一點的盤子）等器皿。要吃的時候再切，輕鬆完成一道菜，是家庭主婦或主夫的好幫手。

　　雖然需要一點訣竅，但不需要特別的材料，將蛋奶液與各式各樣的食材排列組合也很有趣。上手後就能輕鬆做出美味的鹹派和塔，讓人想多方嘗試也是鹹派和塔吸引人的地方。

1.法國的食材店陳列著琳瑯滿目的派塔。2.切開鹹派，全家人圍著餐桌享用。3.用不鏽鋼塑型環製作的法式鹹派。4.在家裡做可以用市售的塔皮，作法簡單的鹹派也很受歡迎。5.用玻璃鍋製作的鹹派，切下要吃的大小。6.手工做的鹹派和沙拉是招待訪客的招牌菜。

攝影：水野綾乃、加地孝子、松岡由希子、萩原恭子

輕鬆製作派塔的三大重點

以下介紹的三個重點可以讓各位像法國的家庭一樣，
輕鬆地烤出鹹派和塔，美味可口，而且絕對不會失敗。

可以做成鹹派、也可以做成塔的麵團作法

　　本來底下的塔皮分成甜與不甜的麵團，作法也不一樣。但是要配合內餡製作麵團，難度有點高。因此本書使用的是不甜的基本塔皮。

　　將冷卻的奶油切拌入粉類製作而成的麵團，烤好後非常酥脆，不只適合用來盛裝水分比較多的餡料，與甜甜的鮮奶油及水果也很對味。由於是用同一種麵團來做，很容易掌握攪拌麵糊、鋪入烘焙模具的訣竅也是其優點。

可用塔模，也能用琺瑯盒來製作

　　本書介紹的作法是既可以用塔模也可以用琺瑯盒來做的分量（不過，琺瑯盒比較大一點，所以要調整配料的分量。另外，p.80 從上面疊放麵團的翻轉蘋果塔只能用琺瑯盒來做）。只要家裡有琺瑯盒，馬上就能動手做。塔模也可以在一般商店買到。

　　選購塔模時，建議選擇底部可以拆卸的款式，烤好後比較好脫模。此外，也有不使用烘焙模具製作的方法，所以請從比較好做的開始挑戰。

做成一次就能吃完的大小

　　在熟食店或專賣塔的店經常可以看到大型的鹹派和塔。看起來很好看也很好吃，但是麵團及內餡的分量比較多，烤的時間也比較長，因此要在家裡做並不容易。

　　有鑑於此，本書使用的是直徑 18 × 高 2.5～3 cm 的塔模，和 16×20.5×高 3 cm 的琺瑯盒。兩者都是初學者也很容易上手的尺寸，鹹派切成 4 等分可當成主食，切成 8 等分當成下酒菜剛剛好；塔切成 6～8 等分很適合當成下午茶的點心，吃完還意猶未盡，讓人想一做再做。

Part 1
製作塔皮

為了做出好吃的塔，基本上要先烤好塔皮，填入蛋奶液及餡料再烤一遍。先學會用既能做成鹹派也能做成塔的基本塔皮（pâté brisée）來製作塔的底座吧。

烘焙模具的尺寸與前置作業

塔模

第一次使用的時候，請先在烘焙模具裡塗上薄薄的一層奶油（分量另計）。烘烤塔派時油份會滲出來，所以第二次以後就不用再抹油了。

琺瑯盒

書中使用的是野田琺瑯20.5×16×3 cm的cabinet size。薄薄地塗上一層奶油再鋪上烘焙紙，之後就能很容易地拿出來（參照p.23）。

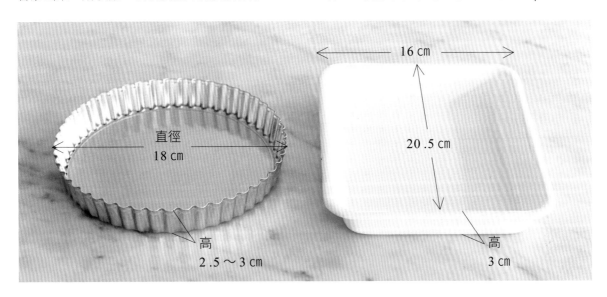

直徑 18 cm
高 2.5～3 cm

16 cm
20.5 cm
高 3 cm

材料 （直徑18×高2.5～3 cm的塔模，或者是16×20.5×高3 cm琺瑯盒1個）

A ┌ 低筋麵粉（這裡使用法國小麥粉écriture）……… 100 g
　├ 白糖（或紅糖）……… 1/2 小匙
　└ 鹽 ……… 1/4 小匙
無鹽奶油 ……… 60 g
牛奶 ……… 35 ml

前置作業

• 奶油切成1.5 cm的小丁，放進冰箱冷藏。
• 將烤盤放進烤箱裡，預熱至180度。

※ écriture雖是低筋麵粉，但是卻可以做出中筋麵粉那種爽脆的口感。如果沒有écriture，也可以用60g低筋麵粉＋40g高筋麵粉來製作。

※ 可以用橄欖油來代替奶油。如果是用橄欖油來製作麵團，請在A裡加入1/4小匙泡打粉，將奶油換成2大匙橄欖油。

麵團的作法

為了把麵團烤出酥酥脆脆的口感，
重點在於將冷卻的奶油與粉類切拌均勻，
再用刮板或擀麵棍擀平塑形。
以下介紹的是純手工製作的步驟，
但是想要的話，也能用食物調理機攪拌材料，
但請確認重點再做。

1 將A倒入調理碗，用打蛋器稍微攪拌一下。只要整個拌勻就行了。

[倘若使用食物調理機]

倒入A，打開開關，攪拌5秒左右。

2 加入冷藏的奶油。

※ 如果用油製作麵團，這裡加的是橄欖油。

[倘若使用食物調理機]

加入冷藏的奶油。

3 用刮板一邊把奶油切成米粒大小一邊攪拌。

※ 如果用油製作麵團，請用筷子將橄欖油與粉類攪拌到乾乾鬆鬆的狀態。

[倘若使用食物調理機]

以開開關關的方式將所有的粉類攪拌至均勻的黃色。

4 用手指稍微捏碎奶油。

5 以掌心搓勻麵粉和奶油，直到整個變成均勻、黃色的麵包粉狀。

※ 這個步驟做得愈仔細，紋理將愈緊密細緻，填入蛋奶液及餡料時就愈不容易流出來。

6 加入牛奶，用刮板稍微攪拌一下，再把麵團往調理碗的底部按壓，整理成團狀。

[倘若使用食物調理機]

加入牛奶，以開開關關的方式將所有材料攪拌到乾乾鬆鬆的狀態。

7 撕下 2 張 30 cm左右的保鮮膜，疊在一起，放上麵團，揉成一團。如果無法揉成一團，還有些粉末狀的話，可以用保鮮膜包起來，輕輕地用手揉勻。

8 用保鮮膜鬆鬆地包裹住麵團,再用擀麵棍從上面輕壓,將麵團收攏在一起。重複進行折疊和擀開麵團,直到奶油均勻分布。

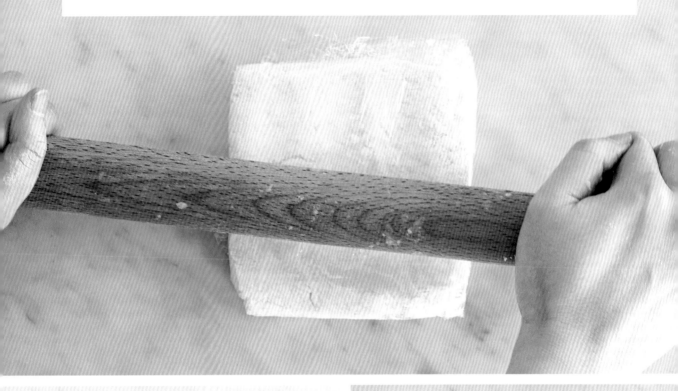

9 用手將麵團揉成一團,再以保鮮膜重新鬆鬆地包起來,邊轉動麵團邊擀成圓形。放進冰箱醒麵 30 分鐘以上(急用時可以放進冷凍庫 10~15 分鐘)。

※ 如果用油製作麵團,也可以省略放進冰箱醒麵的步驟。
※ 以此狀態放入夾鏈袋,冷藏可保存 1 天,冷凍可保存 3 週。如果是冷凍的麵團請自然解凍後再使用。

使用塔模時，麵團的鋪法與烤法

將麵團擀成均勻的厚度，緊緊地貼著直徑18 cm的塔模鋪進去。麵團烘烤時會縮，為了不讓蛋奶液及餡料流出來，麵團邊緣要高於塔模，本書將會教大家這些避免失敗的小技巧。烤的時候建議放上壓派石。

1 在剪成 30 × 35 cm 左右的烘焙紙與保鮮膜之間夾入 p.16 步驟 9 的麵團，用擀麵棍擀成一樣厚的圓形。將擀麵棍平行地置於身體前方，連同烘焙紙旋轉麵團來擀會比較順手。如果麵團黏住保鮮膜，變得不好擀時，請立刻把麵團放進冷凍庫冰凍 5 分鐘左右再拿出來擀，可反覆進行此步驟。

2 把塔模置於麵團中央,將麵團稍微貼合側面,確認麵團是否比塔模高1cm左右。若麵團不夠大,請再擀開一點。

3 撕下麵團的保鮮膜,放在塔模上,再輕輕地撕掉烘焙紙。

4 稍微讓麵團的邊緣下垂，塞進塔模裡，用大拇指按壓，讓麵團與塔模的側面、底部的角落緊密貼合。

※ 麵團與塔模的角落沒有緊密貼合，是蛋奶液及餡料跑出來的原因。

5 把麵團壓進側面凹凸不平的紋路裡。如果有破洞或裂縫，可以撕下一小角邊緣的麵團，用手指按進去修補。

6 如果側面的麵團太長，請剪掉多出來的部分。用廚房專用剪刀切齊邊緣，讓麵團比塔模高出 1～1.5 cm 左右。

7 用手指撐住麵團，貼著塔模的邊緣，撕去多餘的部分，讓麵團比塔模高出 7 mm 左右。麵團烘烤後會縮，因此為了倒入所有的蛋奶液及餡料，麵團一定要高於塔模。如果覺得這項作業很麻煩，也可以維持在步驟 6 裁切過的狀態即可。

8 為了避免底部的麵團在烘烤時膨脹，請用叉子戳洞。如果蛋奶液及餡料的密度不高，也可以跳過這項作業。放進冷凍庫 15 分鐘。

※ 如果用油製作麵團，就不用放進冷凍庫冰凍。
※ 以此狀態放入夾鏈袋，放冰箱可保存 1 天，放冷凍庫可保存 3 週。

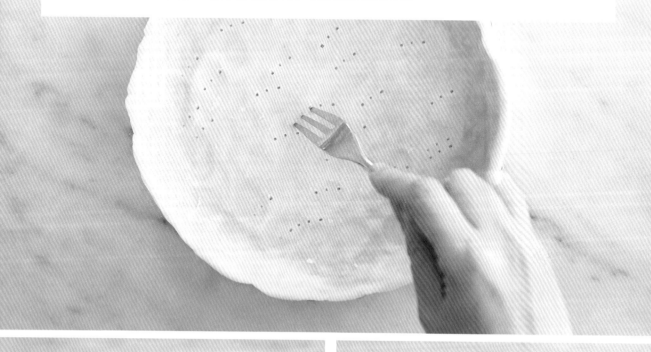

9 從冷凍庫取出麵團，鋪上烘焙紙，再放上壓派石（如果沒有壓派石，可以改用紅豆或舊米來代替。參照 p.102）。放在事先加熱過的烤盤上，再放進預熱至 180 度的烤箱烤 20～25 分鐘，取出後，移除壓派石，再烤 15 分鐘。

用琺瑯盒烘烤

使用的是 16×20.5×高 3 cm 的琺瑯盒。製作麵團的步驟皆與塔模相同。容量比塔模稍微多一點，所以內餡的分量最好比各作法介紹的再多一點。琺瑯盒的側面不會凹凸不平，所以鋪麵團的作業輕鬆許多。麵團的保存請參照 p.16 的步驟 9。

1 參照 p.12～15 的作法攪拌材料，取出來放在保鮮膜上。用保鮮膜鬆鬆地包起來，從上面用擀麵棍按壓塑形，慢慢地擀成 5×18 cm 左右的長方形。放進冰箱冷藏 30 分鐘（急用時可以放進冷凍庫 10～15 分鐘）。

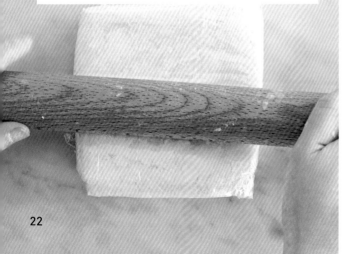

2 撕下麵團的保鮮膜，放在烘焙紙（30×35 cm 左右）上，再次蓋上保鮮膜。連同烘焙紙每次旋轉 90 度，用擀麵棍擀成一樣厚的長方形。如果麵團黏住保鮮膜，變得不好擀時，請立刻把麵團放進冷凍庫 5 分鐘左右再拿出來擀，可反覆進行此步驟。

3 把琺瑯盒放在麵團中央，將麵團貼向側面，只要比琺瑯盒高1cm左右即可。將烘焙紙（10×30cm左右）鋪在琺瑯盒裡，放入麵團，參照p.19的步驟4～5，讓麵團與側面及底部的角度緊密貼合，讓側面的麵團比琺瑯盒高1cm。把多於1cm的部分折向內側，用手指捏緊。再用叉子在底部戳洞，放進冷凍庫15分鐘，使其變硬。

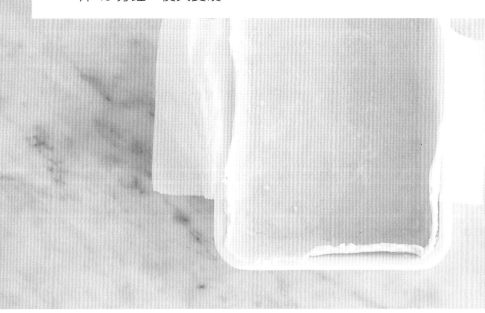

4 參照p.21的步驟9，放上壓派石，放進預熱至180度的烤箱烤20～25分鐘，取出後，移除壓派石，再烤15分鐘。

Part 2
鹹派

把餡料放入塔皮，倒入由蛋和鮮奶油等食材混合而成的蛋奶液下去烘烤。製作蛋奶液的作業可以利用烘烤塔皮的空檔來進行，會比較省時。內餡可以只有洋蔥、高麗菜、南瓜等蔬菜，也可以加入雞肉或鮭魚，不僅分量十足，也更加營養美味。除了基本的蛋奶液以外，也推薦顆粒芥末醬或豆乳等變化版。

清甜的洋蔥鹹派→p.26

清甜的洋蔥鹹派

只要放上切成薄片的洋蔥即可，是一道非常簡單的鹹派。以下也介紹基本的蛋奶液作法。可以的話，使用採收後立即出貨的洋蔥，甜度完全提升。用琺瑯盒烤的塔皮也可以用相同的方法製作。

材料（直徑 18 cm 的塔模 1 個）

尚未預烤過的塔皮 ……… 1 張
（參照 p.11～20，底部沒有戳洞的塔皮）

起司絲 ……… 適量
洋蔥（建議使用新鮮洋蔥）
……… 1/2 個（100 g）

基本的蛋奶液
蛋 ……… 中型 2 個
牛奶 ……… 50 ml
鮮奶油 ……… 50 ml
鹽 ……… 1/4 小匙
黑胡椒 ……… 少許

帕馬森起司粉 ……… 2 大匙

前置作業
• 將烤盤放入烤箱，預熱至 180 度。

1　將烘焙紙鋪在塔皮裡，放上壓派石。再將塔模放在加熱過的烤盤上，放進預熱至 180 度的烤箱烤 20～25 分鐘，取出後，移除壓派石，再烤 15 分鐘。趁塔模還熱呼呼的時候將起司絲均勻地鋪在底部（起司融化會覆蓋表面，讓蛋奶液不會流出來。直接放在烤盤上來作業會比較好處理）。

2　洋蔥直切成薄片，均勻地鋪在 1 裡。

3　製作蛋奶液。把蛋打入碗中，用叉子以切開蛋白的方式仔細攪散。

4　將牛奶與鮮奶油攪拌均勻，分次加到3裡，一邊混合攪拌均勻，再用網勺過濾。加入鹽、黑胡椒拌勻。

5　烘烤之前再把4倒進2裡。蛋奶液太多的話會滿出來，所以請注入到塔皮的7分滿（如果看起來沒問題的話也可以全部倒進去）。蛋奶液太多的話不要一次倒完，烤到一半再加入剩下的蛋奶液（參照p.87的Q5）。

6　在表面撒上帕馬森起司粉。放進180度的烤箱烤30分鐘。將竹籤插入中心，只要竹籤沒有沾上蛋奶液就代表大功告成了。如果竹籤沾有蛋奶液，則再烤5分鐘。取出後，連同塔模放在蛋糕冷卻架上散熱。

花椰菜蘋果藍紋起司鹹派

煮軟的花椰菜與蛋奶液十分對味。蘋果的甜味與藍紋起司的鹹味可以為風味增添畫龍點睛的效果。把藍紋起司換成卡門貝爾起司也很好吃。

材料（直徑 18 cm 的塔模 1 個）

<u>烤過的塔皮</u> ……… 1 張
（參照 p.11～21，底部沒有戳洞的塔皮）

花椰菜 ……… 150 g
無鹽奶油 ……… 5 g
鹽 ……… 少許
蘋果（紅玉）……… 1/8 個
喜歡的藍紋起司（這裡使用的是戈根佐拉起司）……… 40 g

<u>基本的蛋奶液</u>
蛋 ……… 中型 2 個
牛奶 ……… 50 ml
鮮奶油 ……… 50 ml
鹽 ……… 少許
黑胡椒 ……… 少許

1　花椰菜撕成小朵，放進厚一點的鍋子裡，加入 100 ml 水和奶油、鹽，蓋上鍋蓋，以小一點的中火蒸煮。煮到花椰菜變軟就可以關火了。

2　蘋果去芯，連皮直切成薄片。

3　製作蛋奶液。將蛋、牛奶、鮮奶油充分攪拌均勻，用網勺過濾，加入鹽、黑胡椒攪拌均勻（參照 p.27 的 3～4）。將 1 和 2 交錯擺放在烤過的塔皮裡（盡可能把蘋果的皮朝上放，可以鋪得比較均勻，烤得比較漂亮）。撒上撕碎的藍紋起司（圖 a），烤之前再倒入蛋奶液至 7 分滿（參照 p.27 的 5）。

4　放進預熱至 180 度的烤箱烤 30 分鐘。將竹籤插入中心，只要竹籤沒有沾上蛋奶液就代表大功告成了。如果竹籤沾有蛋奶液，則再續烤 5 分鐘。取出後，連同塔模放在蛋糕冷卻架上散熱。

※ 用琺瑯盒製作的塔皮也可以同樣的方式製作。

a

高麗菜鯷魚麵包粉鹹派

內餡只有高麗菜的超簡單鹹派。塔皮的邊緣多留一點，把上面的鯷魚麵包粉烤得香氣十足，享用酥酥脆脆的口感。

材料（直徑 18 cm 的塔模 1 個）

烤過的塔皮 ……… 1 張
（參照 p.11～21，底部沒有戳洞的塔皮）

※ 在 p.20 的步驟 6，用廚房專用剪刀把塔皮的邊緣切齊至比塔模高 1～1.5 cm，以這個狀態下去烤。

鯷魚麵包粉
剁碎的鯷魚 ……… 3 片（12 g）
麵包粉 ……… 4 大匙
橄欖油 ……… 1 大匙
剁碎的義大利香芹 ……… 1/2 大匙

基本的蛋奶液
蛋 ……… 中型 2 個
牛奶 ……… 50 ml
鮮奶油 ……… 50 ml
鹽 ……… 1/4 小匙
黑胡椒 ……… 少許

高麗菜絲 ……… 100 g

1　把鯷魚麵包粉的材料倒入調理碗，攪拌均勻（圖 **a**）。

2　製作蛋奶液。將蛋、牛奶、鮮奶油充分攪拌均勻，用網勺過濾，加入鹽、黑胡椒攪拌均勻（參照 p.27 的 **3**～**4**）。加入高麗菜絲稍微攪拌一下，再平鋪在塔皮上。

3　放進預熱至 170 度的烤箱烤 10 分鐘，先取出來倒入 **1**，再烤 15～20 分鐘。用竹籤插入中心，只要竹籤沒有沾上蛋奶液就代表大功告成了。如果竹籤沾有蛋奶液則再續烤 5 分鐘。烤到麵包粉微焦，就可以取出，連同塔模放在蛋糕冷卻架上散熱。

※ 用琺瑯盒製作的塔皮也可以同樣的方式製作。

a

咖哩風味的南瓜泥鹹派

將搗碎的南瓜泥壓緊在塔皮裡，從上面倒入蛋奶液，做成兩層。
讓鬆鬆軟軟的甜南瓜牢牢地鎖住咖哩的風味，咬下一口，香氣
四溢。

材料（直徑 18 cm 的塔模 1 個）

<u>烤過的塔皮</u> ……… 1 張
（參照 p.11〜21，底部沒有戳洞的塔皮）

南瓜 ……… 220〜240 g

A ┌ 鹽 ……… 1/4 小匙
　│ 咖哩粉 ……… 1 小匙
　└ 小茴香籽 ……… 1/4 小匙

基本的蛋奶液
蛋 ……… 中型 2 個
牛奶 ……… 50 ml
鮮奶油 ……… 50 ml
鹽 ……… 1/4 小匙
黑胡椒 ……… 少許

配料
南瓜籽 ……… 1 小匙

1　剔除南瓜籽和瓜囊，帶皮切成 6 片 2 mm 厚（這部
　分約 40 g）。剩下的南瓜削皮，用水洗乾淨，切成
　適當的大小，放進耐熱的調理碗，用微波爐加熱 3
　分鐘，直到南瓜變軟（這部分約 150 g）。

2　用叉子稍微搗碎 **1** 加熱好的南瓜，加入 **A**，用湯
　匙攪拌均勻。

3　製作蛋奶液。將蛋、牛奶、鮮奶油充分攪拌均勻，
　用網勺過濾，加入鹽、黑胡椒攪拌均勻（參照 p.27
　的 **3〜4**）。把 **2** 均勻地鋪在烤過的塔皮裡，用
　湯匙的背面壓實（見圖 **a**）。倒入蛋奶液至 7 分滿
　（參照 p.27 的 **5**）。

4　放進預熱至 180 度的烤箱烤 10 分鐘先拿出來，
　放上 **1** 切成薄片的南瓜，撒上南瓜籽，再烤 20
　分鐘，用竹籤插入中心，只要竹籤沒有沾上蛋奶液
　就代表大功告成了。如果竹籤沾有蛋奶液則再續烤
　5 分鐘。取出，連同塔模放在蛋糕冷卻架上散熱。

※ 用琺瑯盒製作的塔皮也可以同樣的方式製作。

a

鮭魚奶油乳酪馬鈴薯鹹派

用鮭魚與馬鈴薯疊出十足分量，具有飽足感。奶油乳酪與時蘿清淡爽口的風味可以說是天作之合。請配合鮭魚的鹹度調整蛋奶液的鹽分量。

材料（16×20.5 cm的琺瑯盒1個）

烤過的塔皮 ……… 1張
（參照p.11～15、22～23，底部沒有戳洞的塔皮）

切片的鹹鮭魚（醃鮭魚）……… 2片（220 g）
橄欖油 ……… 1小匙
馬鈴薯 ……… 2小個
奶油乳酪 ……… 50 g
切碎的時蘿 ……… 2根

基本的蛋奶液
蛋 ……… 中型2個
牛奶 ……… 50 ml
鮮奶油 ……… 50 ml
鹽 ……… 1/4 小匙
黑胡椒 ……… 少許

1　鹹鮭魚每片切成3等分。將橄欖油倒進平底鍋裡，開中火，放入擦乾水分的鹹鮭魚，稍微煎熟表面（見圖**a**）。取出並剔除魚骨。

2　馬鈴薯連皮洗淨，在還殘留水氣的狀態下用保鮮膜包起來，放進微波爐，加熱6分鐘，取出削皮，切成5 mm厚的半月形。

3　製作蛋奶液。將蛋、牛奶、鮮奶油充分攪拌均勻，用網勺過濾，加入鹽、黑胡椒攪拌均勻（參照p.27的**3**～**4**）。把**2**均勻地鋪在烤過的塔皮裡，再放上**1**。將奶油乳酪分成1/2大匙的大小，均勻地放上去，再撒上時蘿（見圖**b**），烤之前再倒入蛋奶液至7分滿（參照p.27的**5**）。

4　放進預熱至180度的烤箱烤30分鐘。用竹籤插入中心，只要竹籤沒有沾上蛋奶液就代表大功告成了。如果竹籤沾有蛋奶液則再續烤5分鐘。取出後，連同琺瑯盒放在蛋糕冷卻架上散熱。

※ 用塔模烤的塔皮也可以同樣的方式製作。如果料太多，可以減少馬鈴薯的量。

a

b

青豆蝦仁鹹派

青豆與蝦仁的配色真是太可口了。稍微搗碎青豆還能與蛋奶液融為一體。青豆配薄荷是法國本地的標準作法，也可以用時蘿來代替。

材料（直徑 18 cm 的塔模 1 個）

尚未預烤過的塔皮 ⋯⋯⋯ 1 張
（參照 p.11〜20，底部沒有戳洞的塔皮）

帕馬森起司粉 ⋯⋯⋯ 2 大匙
蝦仁 ⋯⋯⋯ 10 尾
白酒 ⋯⋯⋯ 1 大匙
冷凍青豆 ⋯⋯⋯ 150 g
橄欖油 ⋯⋯⋯ 1 小匙
鹽 ⋯⋯⋯ 1/4 小匙
切碎的薄荷葉 ⋯⋯⋯ 1 小匙

基本的蛋奶液
蛋 ⋯⋯⋯ 中型 2 個
牛奶 ⋯⋯⋯ 50 ml
鮮奶油 ⋯⋯⋯ 50 ml
鹽 ⋯⋯⋯ 1/4 小匙
黑胡椒 ⋯⋯⋯ 少許

前置作業

• 將烤盤放入烤箱，預熱至 180 度。

a

1　將烘焙紙鋪在塔皮裡，放上壓派石。再將塔模放在加熱過的烤盤上，放進預熱至 180 度的烤箱烤 20〜25 分鐘後，取出並移除壓派石，將帕馬森起司均勻地撒在底部。再烤 15 分鐘後取出，放涼備用。

2　用竹籤剔除蝦子的腸泥，放入調理碗，均勻地淋上白酒。

3　把橄欖油倒入平底鍋裡，開中火，直接放入冷凍青豆快炒，撒鹽，蓋上鍋蓋，將青豆悶煮至變軟。煮到可以用叉子壓碎的程度後關火，稍微搗碎（見圖 a），加入薄荷葉攪拌一下。

4　製作蛋奶液。將蛋、牛奶、鮮奶油充分攪拌均勻，用網勺過濾，加入鹽、黑胡椒攪拌均勻（參照 p.27 的 **3**〜**4**）。把 **3** 均勻地鋪在 **1** 的塔皮裡，用湯匙的背面壓實。瀝乾 **2** 的湯汁，擺上蝦仁，倒入蛋奶液至 7 分滿（參照 p.27 的 **5**）。

5　放進預熱至 180 度的烤箱烤 30 分鐘。用竹籤插入中心，只要竹籤沒有沾上蛋奶液就代表大功告成了。如果竹籤沾有蛋奶液則再續烤 5 分鐘。取出後，連同塔模放在蛋糕冷卻架上散熱。

※ 用琺瑯盒製作的塔皮也可以同樣的方式製作。

蕪菁培根鹹派

重點在於用奶油炒軟蕪菁和培根，讓奶油與培根的美味滲透到蕪菁裡。切成薄片的蕪菁和蛋奶液會自然成層，切口也很漂亮。

材料（直徑 18 cm 的塔模 1 個）

<u>烤過的塔皮</u> ……… 1 張
（參照 p.11～21，底部沒有戳洞的塔皮）

蕪菁 ……… 4 小個（淨重 180 g）
剁碎的蕪菁莖葉 ……… 20 g
厚切培根 ……… 20 g
無鹽奶油 ……… 5 g
鹽 ……… 1/4 小匙

基本的蛋奶液
蛋 ……… 中型 2 個
牛奶 ……… 50 ml
鮮奶油 ……… 50 ml
鹽 ……… 1/4 小匙
黑胡椒 ……… 少許

1　蕪菁削皮，垂直對半切開，再切成 5 mm 厚的半月形。培根切成 7 mm 的長條狀。

2　把奶油放進平底鍋裡，開中火加熱融化，加入 **1** 和蕪菁的莖和葉，撒鹽，炒熟蕪菁（見圖 **a**）。

3　製作蛋奶液。將蛋、牛奶、鮮奶油充分攪拌均勻，用網勺過濾，加入鹽、黑胡椒，攪拌均勻（參照 p.27 的 **3**～**4**）。把 **2** 均勻地鋪在烤過的塔皮裡，再倒入蛋奶液至 7 分滿（參照 p.27 的 **5**）。

4　放進預熱至 180 度的烤箱烤 30 分鐘。用竹籤插入中心，只要竹籤沒有沾上蛋奶液就代表大功告成了。如果竹籤沾有蛋奶液則再續烤 5 分鐘。取出後，連同塔模放在蛋糕冷卻架上散熱。

※ 用琺瑯盒製作的塔皮也可以同樣的方式製作。

a

雞胸肉青花菜鹹派

雞胸肉再加上莫札瑞拉起司，不僅充滿飽足感，還能吃得很健康。蛋奶液充滿了顆粒芥末醬的嗆辣風味，與雞胸肉及青花菜皆十分對味。

材料

（16×20.5 cm的琺瑯盒1個）

烤過的塔皮 ……… 1張
（參照p.11～15、22～23，底部沒有戳洞的塔皮）

雞胸肉 ……… 100～120 g
白酒 ……… 1大匙
鹽 ……… 1/4 小匙
太白粉 ……… 1小匙

青花菜 ……… 80～100 g

基本的蛋奶液
蛋 ……… 中型 2個
牛奶 ……… 50 ml
鮮奶油 ……… 50 ml
鹽 ……… 1/4 小匙
黑胡椒 ……… 少許

顆粒芥末醬 ……… 1小匙
莫札瑞拉起司 ……… 50 g

1 雞胸肉放入調理碗，加入白酒和 2 大匙水、鹽。用叉子在雞肉的表面戳洞（見圖 **a**），靜置 10 分鐘以上，讓雞肉入味（或者是罩上保鮮膜，放冰箱靜置 1 天）。

2 青花菜撕成小朵，用加了鹽（分量另計）的熱水煮軟，再瀝乾水分。

3 製作蛋奶液。將蛋、牛奶、鮮奶油充分攪拌均勻，用網勺過濾，加入鹽、黑胡椒攪拌均勻（參照p.27的 **3～4**）。再加入顆粒芥末醬，用打蛋器攪拌均勻（見圖 **b**）。

4 瀝乾 **1** 的水分，切成大塊，撒上太白粉，放在烤過的塔皮中央。把青花菜塞入空隙，再均勻地放上圓切成 2 cm厚的莫札瑞拉起司。倒入蛋奶液至 7 分滿（參照p.27的 **5**）。

5 放進預熱至180度的烤箱烤 30 分鐘。用竹籤插入中心，只要竹籤沒有沾上蛋奶液就代表大功告成了。如果竹籤沾有蛋奶液則再續烤 5 分鐘。取出後，連同琺瑯盒放在蛋糕冷卻架上散熱。

※ 用塔模烤的塔皮也可以同樣的方式製作。

a

b

雞絞肉蓮藕柚子胡椒鹹派

用柚子胡椒來為雞絞肉調味並加到蛋奶液裡，嗆辣的風味十分迷人。加入香菜和魚露，做成異國風味的鹹派，蓮藕的口感也很耐人尋味。

材料（直徑 18 cm 的塔模 1 個）

烤過的塔皮 ········ 1 張
（參照 p.11～21，用叉子為底部戳洞的塔皮）

肉餡
蓮藕 ········ 50 g
香菜 ········ 1 根
雞絞肉 ········ 100 g
魚露 ········ 1/2 小匙
柚子胡椒 ········ 1/4 小匙

柚子胡椒蛋奶液
蛋 ········ 中型 2 個
牛奶 ········ 50 ml
鮮奶油 ········ 50 ml
鹽 ········ 1/4 小匙
柚子胡椒 ········ 1/3 小匙

1 製作肉餡。蓮藕削皮，切成 2 mm 厚的銀杏狀，取 1/3 的量稍微剁碎。把香菜的葉與莖分開,切碎莖和根。

2 取出一些切成銀杏狀的蓮藕，作為裝飾表面用。在調理碗內放入所有肉餡的材料，用刮刀充分攪拌均勻。

3 製作蛋奶液。將蛋、牛奶、鮮奶油充分攪拌均勻，用網勺過濾，加入鹽、柚子胡椒攪拌均勻（參照 p.27 的 **3** ～ **4**）。

4 把 **2** 放入烤過的塔皮裡，用刮刀抹平（見圖 **a**）。放上事先取出備用的蓮藕，再倒入蛋奶液至 7 分滿（參照 p.27 的 **5**），把香菜葉放在中央。

5 放進預熱至 180 度的烤箱烤 30 分鐘。用用竹籤插入中心，只要竹籤沒有沾上蛋奶液就代表大功告成了。如果竹籤沾有蛋奶液則再續烤 5 分鐘。取出後，連同塔模放在蛋糕冷卻架上散熱。

※ 用琺瑯盒製作的塔皮也可以同樣的方式製作。

a

白味噌豆乳番茄鹹派

加入了酪梨、水煮蛋、小番茄、橄欖,是一道料多味美的鹹派。重點在於用風味溫和的白味噌和豆乳製作的蛋奶液。水煮蛋和豆乳、橄欖意外地對味。

材料(直徑18 cm的塔模1個)

烤過的塔皮 ⋯⋯⋯1張
(參照p.11~21,底部沒有戳洞的塔皮)

酪梨 ⋯⋯⋯1個
水煮蛋 ⋯⋯⋯1個
小番茄 ⋯⋯⋯5個
稍微剁碎的黑橄欖(去籽)
⋯⋯⋯5~6顆

白味噌與豆乳的蛋奶液
蛋 ⋯⋯⋯ 中型2個
白味噌 ⋯⋯⋯ 20 g
豆乳(成分無調整)⋯⋯⋯ 100 ml
鹽 ⋯⋯⋯ 1/4小匙

1　酪梨直切成兩半,去皮、去籽,切成4~5 mm厚。水煮蛋切成7 mm厚的圓片。小番茄橫切成4等分。

2　製作白味噌與豆乳的蛋奶液。把蛋打入調理碗,用叉子以切開蛋白的方式仔細攪散。把白味噌放入另一個調理碗,一點一點地加入豆乳,過程中要攪拌均勻。再把打好的蛋倒進白味噌的調理碗中拌勻,加鹽,繼續攪拌均勻。用網勺過濾(參照p.27的 **3~4**)。

3　把酪梨均勻地鋪在烤過的塔皮裡,放上水煮蛋。倒入蛋奶液至7分滿(參照p.27的 **5**)。在周圍放上小番茄,把橄欖放在中央。

4　放進預熱至180度的烤箱烤30分鐘。用竹籤插入中心,只要竹籤沒有沾上蛋奶液就代表大功告成了。如果竹籤沾有蛋奶液則再續烤5分鐘。取出後,連同塔模放在蛋糕冷卻架上散熱。

※ 用琺瑯盒製作的塔皮也可以同樣的方式製作。

白味噌
特色在於鹽分的濃度低於紅味噌,具有甜味。風味及顏色都很溫和,所以也經常用來為豆乳料理提味。

※ 如果家裡沒有白味噌,也可以把白味噌以外的材料攪拌均勻,做成蛋奶液,於作法3在酪梨與水煮蛋之間塗上2大匙的美乃滋。

義式蔬菜湯、尼斯風沙拉→p.49

炒洋蔥鹹派→p.48

炒洋蔥鹹派

仔細拌炒後的洋蔥十分清甜，我最喜歡這種風味很有層次卻又只有簡單食材的洋蔥鹹派。與法國人經常用來製作鹹派的格呂耶爾起司非常對味。作法容易，風味濃郁的鹹派也很適合與沙拉、湯品一起出現在午餐的餐桌上。

材料（直徑 18 cm 的塔模 1 個）

<u>烤過的塔皮</u> ……… 1 張
（參照 p.11～21，底部沒有用叉子戳洞的塔皮）

洋蔥 ……… 2 小個
橄欖油 ……… 1 大匙
鹽 ……… 1/4 小匙

基本的蛋奶液
蛋 ……… 中型 2 個
牛奶 ……… 50 ml
鮮奶油 ……… 50 ml
鹽 ……… 1/4 小匙
黑胡椒 ……… 少許

格呂耶爾起司粉（或起司粉）
……… 2 大匙

1　洋蔥直切成兩半，以切斷纖維的方向切成薄片。把橄欖油倒進平底鍋，開中火，放入洋蔥，撒鹽，炒到洋蔥呈現焦糖色（轉小火，蓋上鍋蓋，不要攪拌過頭，時而稍微拌炒一下，很快就能炒出焦糖色）。移到耐熱容器裡（見圖 a）。

2　製作蛋奶液。蛋、牛奶、鮮奶油充分攪拌均勻，用網勺過濾，加入鹽、黑胡椒攪拌均勻（參照 p.27 的 3～4）。把 1 均勻地鋪在烤過的塔皮裡，倒入蛋奶液至 7 分滿（參照 p.27 的 5）。撒上格呂耶爾起司。

3　放進預熱至 180 度的烤箱烤 30 分鐘。用竹籤插入中心，只要竹籤沒有沾上蛋奶液就代表大功告成了。如果竹籤沾有蛋奶液則再續烤 5 分鐘。取出後，連同塔模放在蛋糕冷卻架上散熱。

※ 用琺瑯盒製作的塔皮也可以同樣的方式製作。

a

尼斯風沙拉

用鮪魚和水煮蛋做成分量十足的沙拉。與沙拉醬拌勻即可享用。

材料（2人份）

鮪魚罐頭 ……… 1小罐（70g，塊狀）
番茄 ……… 1個
水煮蛋 ……… 1個
嫩生菜 ……… 30g
黑橄欖（去籽）……… 4～5顆

沙拉醬

鯷魚 ……… 2片（8g）
橄欖油 ……… 1大匙
紅酒醋 ……… 1小匙
胡椒 ……… 少許

1　製作沙拉醬。稍微剁碎鯷魚，放入大一點的調理碗中。加入其他材料，攪拌均勻。

2　瀝乾鮪魚罐頭的湯汁。番茄和水煮蛋各自切成4等分的半月形塊狀。

3　把 **2**、其他材料加到 **1** 的調理碗中，拌勻。

義式蔬菜湯

充滿天然蔬菜與培根油脂的香氣，以鹽、胡椒簡單調味，製作出這一道料多味美的湯品。

材料（2～3人份）

洋蔥 ……… 1/4個
芹菜 ……… 1/3根
厚切培根 ……… 50g
南瓜 ……… 50g
蕪菁 ……… 2個
番茄 ……… 1個
大蒜 ……… 1瓣
橄欖油 ……… 1小匙
水煮白腎豆（瀝乾水分）……… 100g
月桂葉 ……… 1片
鹽、胡椒 ……… 各適量
帕馬森起司粉 ……… 1大匙

1　洋蔥和芹菜各自切成薄片，培根切成1cm厚的長條形。

2　南瓜帶皮切成3cm的小丁，蕪菁削皮，切成3cm的小丁，番茄切成4等分的半月形。

3　大蒜拍碎，放進鍋子，加入 **1** 和橄欖油、少許鹽，開中火拌炒。全部炒軟後，再加入 **2** 和白腎豆、600ml水、月桂葉，蓋上鍋蓋，煮20分鐘。最後再加入鹽、胡椒、帕馬森起司調味。

香草醋溜橄欖→p.53

紅蘿蔔沙拉→p.53

煙燻鮭魚和紫洋蔥泡菜→p.53

香菇鹹派→p.52

香菇鹹派

拌炒數種菇類，將菇菇的美味都濃縮在鹹派裡。菇類炒過後體積會變小，可以滿滿盛裝至鹹派中。再加上紅蘿蔔沙拉和橄欖等，是非常受歡迎的一道前菜。

材料（直徑 18 cm 的塔模 1 個）

烤過的塔皮 ········ 1 張
（參照 p.11～21，底部沒有戳洞的塔皮）

喜歡的菇類（這裡使用的是蘑菇和杏鮑菇）········ 200 g
橄欖油 ········ 1 大匙
蒜末 ········ 1/2 瓣份
鹽 ········ 1 小撮
黑胡椒 ········ 少許

基本的蛋奶液
蛋 ········ 中型 2 個
牛奶 ········ 50 ml
鮮奶油 ········ 50 ml
鹽 ········ 1/4 小匙
黑胡椒 ········ 少許

格呂耶爾起司粉（或起司粉）········ 2 大匙
時蘿 ········ 適量

1　蘑菇切成 4 mm 厚，杏鮑菇用手撕成便於食用的大小。橄欖油和蒜末倒入平底鍋，開小火，炒出香味後加入菇類，再加入鹽、黑胡椒拌炒。把菇類炒軟，移到琺瑯盒裡。

2　製作蛋奶液。將蛋、牛奶、鮮奶油充分攪拌均勻，用網勺過濾，加入鹽、黑胡椒攪拌均勻（參照 p.27 的 **3 ～ 4**）。把 **1** 均勻地鋪在烤過的塔皮裡，放上格呂耶爾起司。再倒入蛋奶液至 7 分滿（參照 p.27 的 **5**）。撒上時蘿。

3　放進預熱至 180 度的烤箱烤 30 分鐘。用竹籤插入中心，只要竹籤沒有沾上蛋奶液就代表大功告成了。如果竹籤沾有蛋奶液則再續烤 5 分鐘。如果竹籤沾有蛋奶液，則再烤 5 分鐘。取出後，連同塔模放在蛋糕冷卻架上散熱。

※ 用琺瑯盒製作的塔皮也可以同樣的方式製作。

紅蘿蔔沙拉

顆粒芥末醬是這道沙拉的重點，再加上白酒醋的香氣和酸味，清淡爽口又美味。

材料（容易製作的分量）

紅蘿蔔 ……… 2 條（300 g）
A ┌ 橄欖油 ……… 1 又 1/2 大匙
  │ 白酒醋 ……… 1/2 大匙
  │ 顆粒芥末醬 ……… 1 小匙
  └ 鹽 ……… 比 1 小匙再少一點

1 紅蘿蔔切絲，切成便於食用的長度（用切片器或磨起司粉的工具來切會更入味）。

2 把 A 倒進調理碗中拌勻，加入 1，攪拌均勻。

煙燻鮭魚和紫洋蔥泡菜

只要把酒醋淋在紫洋蔥上即完成，作法非常簡單。醋的化學反應會讓紫色更鮮豔。

材料（容易製作的分量

紫洋蔥 ……… 1/4 個
鹽 ……… 1/4 小匙
白酒醋 ……… 2 小匙
煙燻鮭魚 ……… 5～6 片
橄欖油 ……… 1 大匙
磨碎的檸檬皮 ……… 少許
細葉香芹（也可省略）……… 少許

1 紫洋蔥直切成薄片，放入調理碗，撒鹽揉捏。加入白酒醋攪拌均勻，靜置片刻，使其入味。

2 為煙燻鮭魚淋上橄欖油，撒上磨碎的檸檬皮。盛入盤中，放上 1，再擺上細葉香芹。

香草醋溜橄欖

這是仿照陳列在法國高級食材店裡，用香料和油醃漬的橄欖製作成醋溜橄欖。喜歡橄欖的人也可以使用有核橄欖。

材料（容易製作的分量）

黑橄欖（去籽）……… 100 g
A ┌ 橄欖油 ……… 50 ml
  │ 切碎的番茄乾 ……… 1 個
  │ 切成薄片的大蒜 ……… 1 瓣
  │ 切小丁的辣椒 ……… 1 根
  └ 奧勒岡、時蘿 ……… 各適量

1 把 A 倒進小鍋裡，用小火慢慢地加熱，煮出香味後先關火。

2 加入橄欖，再開小火慢慢地加熱後關火，放涼即可享用。

※ 如果番茄乾很硬，請先用熱水（分量另計）泡軟後再使用。

派塔上的絕佳配料＆起司

派塔完成後，再裝飾一些配料，就能為口感及造型製造變化，起司還能為派塔增添風味。只要利用冰箱裡現有的食材，即能享受變化的樂趣，創造出新的美味。先把起司鋪在塔皮底部再放上配料，還能防止鹹派的蛋奶液外漏。

香草＆時蘿

清涼的香草香味能消除海鮮的腥味。除了可以加入派塔裡烘烤，也可以等出爐後再放上新鮮的香草，裝飾一番。

青豆蝦仁鹹派（p.36）

香菜＆義大利香芹

兩者都具有獨特的香味，是讓人一吃就上癮的香草。可以單獨拿來當裝飾，也可以混入麵包粉中，請選擇能讓風味發揮到淋漓盡致的用法。

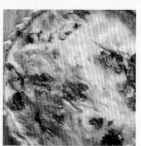

雞絞肉蓮藕柚子胡椒鹹派（p.42）

麵包粉

麵包粉常用於焗烤裡，加到派塔中的蛋奶液中，還能製造出香脆口感，具有畫龍點睛之妙。請選用比較有存在感的粗麵包粉。

高麗菜鯷魚麵包粉鹹派（p.30）

橄欖

除了與番茄、起司十分對味外，想增加鹹度的時候也可以派上用場。建議剁碎或切成圓片撒在鹹派上。令人驚喜的是，它與豆腐、豆乳也很對味。

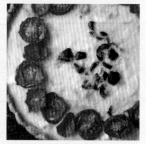

白味噌豆乳番茄鹹派（p.44）

南瓜籽

只需要放上一點點，看起來就會非常可愛討喜。放在派塔上烘烤，咬下一口，滿嘴都是飽滿的香氣。

咖哩風味的南瓜泥鹹派（p.32）

杏仁片

可以均勻地撒在表面上，也可以像照片一樣，集中於一處也非常吸睛。不只杏仁，只要放上堅果類，就能增添香氣，做成色香味俱全的道地風味。

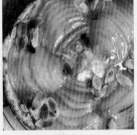

洋梨杏仁奶油塔（p.72）

核桃

核桃和巧克力、起司等濃郁風味十分對味。切得大塊一點還能當成配料來享用。核桃很容易烤焦，烘烤時要注意火候。

焦糖香蕉塔（p.74）

帕馬森起司 & 格呂耶爾起司

一般人都能接受的硬起司風味，可以磨碎了撒在塔皮上，也可以和蛋奶液一起烤，用途廣泛，風味倍增。

清甜的洋蔥鹹派（p.25）

莫札瑞拉起司

烤過也很好吃的軟起司。味道及香氣都很單純，可以突顯出食材的風味，請用於想讓味道沒有負擔的時候。

小番茄櫛瓜塔（p.92）

Part 3

塔

在塔皮裡注入起司醬或杏仁醬一起烘烤的塔、放上水果或巧克力
醬的甜點塔，還有不用塔模製作的塔、用琺瑯盒做的翻轉蘋果塔
等等，為大家介紹各種美味塔。

奶油乳酪藍莓塔→p.58

奶油乳酪藍莓塔

只要依序拌勻材料，做成起司醬，倒入塔皮即可。起司醬的口感滑順，入口即化，與酥酥脆脆的塔皮乃天作之合。如果使用冷凍藍莓，也可以無需解凍，直接使用。用琺瑯盒烤的塔皮也可以用相同的方法製作。

材料（直徑 18 cm 的塔模 1 個）

烤過的塔皮 ……… 1 張
（參照 p.11～21，底部用叉子戳洞的塔皮）

起司醬
奶油乳酪 ……… 200 g
白糖 ……… 70 g
蛋黃 ……… 1 個
鮮奶油 ……… 80 ml
玉米粉 ……… 1 大匙
檸檬汁 ……… 1 小匙
磨碎的檸檬皮 ……… 少許

藍莓 ……… 120 g

1　把奶油乳酪放進耐熱容器裡，罩上保鮮膜，用微波爐加熱 40 秒左右，讓奶油乳酪變軟。再移入調理碗，用打蛋器攪拌成乳霜狀。加入白糖，徹底攪拌均勻，直到沒有結塊。

2　加入蛋黃，充分攪拌均勻。

3　分次加入鮮奶油，仔細攪拌均勻。

4　以過篩的方式加入玉米粉，攪拌到看不見粉末狀。

5　加入檸檬汁和磨碎的檸檬皮，仔細地攪拌均勻。以橡皮刮刀輔助，倒進塔皮裡。

6　擦乾藍莓的水分，撒在 5 上。放進預熱至 180 度的烤箱烤 20 分鐘，烤到表面稍微凝固再取出。連同塔模放在蛋糕冷卻架上散熱，再放進冰箱冷藏 1 小時以上。可依個人喜好撒上磨碎的檸檬皮。

法式布丁塔

使用卡士達醬的布丁塔，是法國傳統點心，在巴黎的人氣也有捲土重來的趨勢。正因為風味單純，如果可以的話，請務必使用香草莢，如果手邊沒有香草莢，也可以用香草精或檸檬皮、柑橘皮來增添香味。

材料
（直徑18 cm的塔模1個）

烤過的塔皮 ……… 1張
（參照p.11～21，底部用叉子戳洞的塔皮）

卡士達蛋奶液

A ┌ 蛋 ……… 1個
　├ 蛋黃 ……… 1個
　└ 白糖 ……… 80 g
玉米粉 ……… 10 g
低筋麵粉 ……… 10 g
牛奶 ……… 320 ml
香草莢 ……… 1/4 根

1　製作卡士達蛋奶液。把牛奶、香草莢和香草籽一起放進鍋子裡，開中火，加熱到快沸騰但還沒沸騰的狀態。

2　把 A 倒進耐熱容器，用打蛋器徹底攪拌均勻，將玉米粉和低筋麵粉過篩加入，攪拌到所有的粉類均勻混合。

3　在 2 裡加入 1/3 的 1（見圖 a），仔細攪拌均勻，倒回 1 的鍋子裡。開中火，邊煮邊用橡皮刮刀攪拌。過程中覺得用橡皮刮刀攪拌不動的話，請換成打蛋器，繼續攪拌 1 分鐘左右，直到質地變得輕盈，出現光澤（見圖 b）。

4　將 3 用網勺過篩，加到烤過的塔皮裡，用橡皮刮刀抹平表面。放進預熱至 200 度的烤箱烤 10 分鐘，烤到表面金黃酥脆再取出，連同塔模放在蛋糕冷卻架上散熱。

※ 用琺瑯盒製作的塔皮也可以同樣的方式製作。

前置作業
用菜刀在香草莢上劃一刀，用刀尖刮出香草籽。

a

如何使用香草莢
把香草莢的豆莢洗乾淨，充分晾乾後，和白糖一起裝進保存容器裡，讓香味移到砂糖上，做成香草糖。只要用食物調理機打碎豆莢，就能和香草籽一起使用。

b

杏桃克拉芙緹→p.64

南瓜塔→p.65

杏桃克拉芙緹

提到法國的傳統點心克拉芙緹（Clafoutis），以櫻桃克拉芙緹最為有名，但是用杏桃或草莓也可以做出絕佳風味。建議加點以杏桃為原料的利口酒（杏仁香甜酒）。用櫻桃酒或蘭姆酒代替杏仁香甜酒也很美味。

材料（16×20.5 cm的琺瑯盒1個）

烤過的塔皮 ……… 1張
（參照p.11～15、22～23，底部沒有戳洞的塔皮）

※ 在p.23的步驟3不要把塔皮的邊緣折進去，以貼著琺瑯盒緣邊的狀態下去烤。

克拉芙緹醬

白糖 ……… 60 g
玉米粉 ……… 15 g
低筋麵粉 ……… 10 g
鮮奶油 ……… 120 ml
牛奶 ……… 80 ml
蛋 ……… 2個

杏桃罐頭（對半切的那種）……… 120～150 g
杏仁香甜酒（也可省略）……… 1小匙
杏仁片 ……… 1大匙
白糖 ……… 1大匙

前置作業

• 把杏桃放進調理碗，淋上杏仁香甜酒，靜置10分鐘以上（如果沒有杏仁香甜酒也可以不要加）。湯汁留下來備用。杏桃太大塊的話可以切成兩半。

1 把白糖倒進耐熱容器裡，加入過篩後玉米粉和低筋麵粉，用打蛋器攪拌均勻。

2 把鮮奶油和牛奶倒入小鍋，加熱到快沸騰但未沸騰的狀態。邊攪拌邊分次加到 **1** 裡。

3 把蛋打到另一個調理碗中打散，再加到 **2** 裡攪拌均勻，用網勺過濾。倒入塔皮至7分滿的高度，放上杏桃，倒入事先留下來備用的湯汁。撒上杏仁片，將白糖集中撒在邊緣。

4 放進預熱至180度的烤箱烤10分鐘，烤到表面凝固，用湯匙舀入剩下的克拉芙緹醬，直到8～9分滿，再烤10分鐘。用竹籤插入中心，只要竹籤沒有沾上克拉芙緹醬就代表大功告成了。如果竹籤有沾黏則再續烤5分鐘。取出後，連同琺瑯盒放在蛋糕冷卻架上散熱。

※ 用塔模烤的塔皮也可以同樣的方式製作。

南瓜塔

南瓜醬柔滑細緻的口感，與帶有蘭姆酒香氣的奶霜十分對味。肉桂粉等香料的香氣也呈現出畫龍點睛的效果。

材料（直徑 18 cm 的塔模 1 個）

烤過的塔皮 ……… 1 張
（參照 p.11～21，底部沒有用叉子戳洞的塔皮）

南瓜醬

南瓜 ……… 280 g 左右
A ┌ 鮮奶油 ……… 80 ml
  │ 牛奶 ……… 50 ml
  │ 黑糖（或紅糖）……… 50 g
  │ 肉桂粉、小豆蔻粉、肉豆蔻粉
  │ ……… 合計 1/3 小匙
  └ 蛋 ……… 1 個

奶霜

鮮奶油 ……… 120 ml
黑糖 ……… 1 小匙
蘭姆酒 ……… 1 小匙

肉桂粉 ……… 適量

1　製作南瓜醬。南瓜洗淨，去除種籽和瓜囊，切成適當的大小。放進微波爐加熱 3 分鐘，待南瓜變軟後削皮（會剩下 200 g 左右）。

2　把 **1** 和 **A** 倒進食物調理機裡，攪拌均勻，再加入蛋，繼續攪拌均勻。用網勺過濾，注入烤過的塔皮，放進預熱至 180 度的烤箱烤 20～30 分鐘。烤到表面稍微膨脹再取出。連同塔模放在蛋糕冷卻架上散熱，再放入冰箱冷藏 30 分鐘以上。

3　製作奶霜。把鮮奶油和黑糖倒入調理碗，用打蛋器打到 7 分發（約莫可以拉出軟軟的角）。加入蘭姆酒，稍微攪拌一下。

4　從冰箱裡取出 **2**，放上 **3**，用湯匙的背面抹開（周圍留下一圈會更好看），再撒上肉桂粉。

※ 用琺瑯盒烤的塔皮也以同樣的方式製作。

檸檬蛋白霜塔

由酸酸的檸檬醬和甜甜的蛋白霜組成。香脆的塔皮會突顯出截然不同的層次感，讓風味與口感更豐富。蛋白霜會吸收濕氣，所以最好在兩天內吃完。

材料（直徑 18 cm 的塔模 1 個）

烤過的塔皮 ……… 1 張
（參照 p.11～21，底部用叉子戳洞的塔皮）

※ 在 p.20 的步驟 6，用廚房專用剪刀將塔皮的邊緣剪到比塔模高 1.5 cm 左右，以這個狀態下去烘烤。

檸檬醬
蛋 ……… 2 個
蛋黃 ……… 1 個
白糖 ……… 100 g
玉米粉 ……… 2 大匙
A ┌ 檸檬汁 ……… 3 個份
　└ 水 ……… 適 量（ 合 計 150 ml）
磨碎的檸檬皮 ……… 1 個份
（用的是擠完汁的檸檬皮）
無鹽奶油 ……… 30 g

蛋白霜
蛋白 ……… 2 個份
白糖 ……… 50 g

1 製作檸檬醬。把蛋和蛋黃倒進調理碗，用打蛋器仔細地攪散。

2 把白糖和玉米粉倒入鍋中攪拌均勻，一點一點地加入 A，攪拌到不再有粉末狀為止。加入 1，徹底攪拌均勻，再加入磨碎的檸檬皮。

3 開小火，邊煮邊用橡皮刮刀攪拌。如果過程中開始結塊（圖 a），請換成打蛋器，繼續邊煮邊攪拌。煮到沸騰且變得濃稠後關火，加入奶油，邊攪拌邊利用餘溫讓奶油融化（圖 b）。

4 趁熱用網勺將 3 過濾到鋪了保鮮膜的琺瑯盒裡，再牢牢地罩上一層保鮮膜，小心別讓空氣跑進去。放上保冷劑（圖 c），放進冰箱冷藏 30 分鐘。

5 製作蛋白霜。把蛋白倒進調理碗，用打蛋器（或電動攪拌棒）打發。打到變得白白的，再分次地加入白糖，繼續打發，打到能拉出直挺挺的角。

6 從冰箱裡取出 4，用橡皮刮刀舀到塔皮上，抹平表面。放上 5，抹開，用湯匙的背面從外側以讓蛋白霜往中央集中的方式抹出花紋。放進預熱至 200 度的烤箱烤 3～4 分鐘，烤到表面呈現金黃色再取出，連同塔模放在蛋糕冷卻架上散熱。

※ 用琺瑯盒烤的塔皮也以同樣的方式製作。

a

b

c

卡士達莓果塔

免烘烤，只要抹上卡士達醬即可，再加上奶霜，風味更加清爽。也可以放上一種或多種莓果裝飾，看起來會更豐富。

材料（直徑 18 cm 的塔模 1 個）

烤過的塔皮 ……… 1 張
（參照 p.11～21，底部用叉子戳洞的塔皮）

卡士達醬
A ⎡ 蛋黃 ……… 3 個份
  ⎣ 白糖 ……… 60 g
玉米粉 ……… 15 g
低筋麵粉 ……… 10 g
牛奶 ……… 300 ml
香草莢 ……… 1/4 根

奶霜
鮮奶油 ……… 100 ml
白糖 ……… 1 小匙
喜歡的莓果（這裡用了草莓、小紅莓、藍莓）……… 共計 100 g

糖粉 ……… 適量

前置作業

- 用菜刀為香草莢劃一刀，用刀尖刮出香草籽（參照 p.61）。

1 製作卡士達醬。把牛奶、香草莢和香草籽一起放入鍋中，開中火，加熱到即將沸騰但還沒沸騰的狀態。

2 把 **A** 倒進耐熱容器，用打蛋器徹底攪拌均勻，加入過篩的玉米粉和低筋麵粉，攪拌到所有的粉類混合均勻。

3 在 **2** 裡加入 1/3 的 **1**，仔細地攪拌均勻，倒回 **1** 的鍋子裡。開中火，邊煮邊用打蛋器攪拌。煮到沸騰且變得濃稠，開始攪不動後，會發出光澤，變成液狀，再繼續攪拌 1 分鐘左右，直到質地變得輕盈。

4 趁熱用網勺將 **3** 過濾到鋪了保鮮膜的琺瑯盒裡，再牢牢地罩上一層保鮮膜，小心別讓空氣跑進去。放上保冷劑，下面泡在冰水裡急速冷卻，再放進冰箱冷藏 1 小時以上。

5 製作奶霜。把所有材料倒進調理碗，用打蛋器打到 8 分發（約莫能拉出尖角）。

6 從冰箱裡取出 **4**，倒入另一個調理碗，用打蛋器攪拌到柔滑細緻。加到烤過的塔皮裡，用橡皮刮刀抹平表面。放上 **5**，用湯匙的背面抹平。脫模，放在盤子上。草莓和小紅莓等比較大顆的莓果直切成兩半。放上莓果時，中間位置堆高一點會比較好看。用篩子將糖粉撒在塔皮的邊緣。

※ 用琺瑯盒製作的塔皮也可以同樣的方式製作。

巧克力巴伐利亞奶油塔

不用蛋製作的巧克力巴伐利亞奶油，具有滑溜細緻的口感與甘甜綿密的奶香，非常迷人。塔皮也加了可可粉帶出風味，是熱愛巧克力的朋友絕對無法抗拒的甜點。

材料（直徑 18 cm 的塔模 1 個）

塔皮
低筋麵粉（這裡使用法國小麥粉écriture）……… 90 g
可可粉（無添加砂糖）……… 10 g
無鹽奶油 ……… 60 g
白糖 ……… 1 大匙
鹽 ……… 1 小撮
牛奶 ……… 2 又 1/2 大匙

橘皮果醬（或小紅莓果醬）……… 1 大匙

巧克力蛋奶液
烘焙用巧克力（可可成分 60 % 以上）……… 100 g
洋菜粉 ……… 3 g
牛奶 ……… 100 ml
鮮奶油 ……… 200 ml
楓糖漿（或蜂蜜）……… 2 大匙

裝飾
巧克力薄片 ……… 2 片
無糖可可粉 ……… 適量

前置作業
• 塔皮的奶油切成 1.5 cm 的小丁，放進冰箱冷藏。
• 塔皮的低筋麵粉和可可粉混合拌勻過篩。
• 將烤盤放進烤箱裡，預熱至 180 度。

1 製作塔皮。參照 p.12～20 製作麵團，鋪在塔模裡（圖a），底部不要戳洞，參照 p.21 的步驟 9，放在溫熱的烤盤上，放進預熱至 180 度的烤箱，烤好後取出，連同塔模放在蛋糕冷卻架上散熱。將橘皮果醬分散地置於底部。

2 製作巧克力蛋奶液。切碎烘焙用巧克力，放入耐熱調理碗中。把牛奶倒進小鍋裡，開中火，加熱到快沸騰但還沒沸騰的狀態，再將熱牛奶倒入巧克力中，慢慢地用橡皮刮刀攪拌，讓巧克力融解備用。

3 在耐熱容器裡倒入 1 大匙水，加入洋菜粉。將 1/3 的鮮奶油倒進另一個耐熱容器裡，用微波爐加熱 30 秒左右至快沸騰但還沒沸騰的狀態。倒入至洋菜粉中，攪拌均勻，讓洋菜粉混合融解。

4 把 3 加到 2 裡，再加入剩下的鮮奶油和楓糖漿，用打蛋器徹底地攪拌均勻。將調理碗的底部置於冰水中，等到冷卻，產生少許黏性後，再倒進 1 裡，放冰箱冷藏 1 小時以上，使其凝固。

5 從冰箱取出，脫模，放在盤子上。放上巧克力薄片，將可可粉用篩網撒在塔皮的邊緣。

※ 用琺瑯盒製作的塔皮也可以同樣的方式製作。

a

洋梨杏仁奶油塔

又稱為布魯耶爾洋梨塔（Tarte Bourdaloue），是很傳統的水果塔。塔皮可以不用先預烤，但最後烘烤程序時就得烤得更仔細一點。請在洋梨表面塗上大量的果醬，讓洋梨塔充滿光澤。

材料（直徑 18 cm 的塔模 1 個）

尚未預烤過的塔皮 ……… 1 張
（參照 p.11～21 的步驟 8，底部用叉子戳洞的塔皮）

杏仁醬
杏仁粉 ……… 50 g
糖粉 ……… 50 g
蛋 ……… 1 個
低筋麵粉 ……… 15 g
無鹽奶油 ……… 50 g

洋梨（罐頭）……… 5 片

裝飾
杏仁片 ……… 2 大匙

塗在上面的果醬
杏桃果醬 ……… 60 g
水 ……… 50 ml
西洋梨香甜酒（或蘭姆酒）……… 1 大匙

前置作業

- 讓奶油放在室溫下軟化。
- 將烤盤放進烤箱裡，預熱至 180 度。

1 製作杏仁醬。將杏仁醬的材料全部放進調理碗，用打蛋器徹底攪拌到柔滑細緻。倒入塔皮中，用橡皮刮刀抹平。

2 瀝乾洋梨的湯汁，切成 3～5 mm 厚的薄片，倒向比較寬的方向（圖 a）。用抹刀移到 1 上，以放射狀的方式排列整齊（圖 b）。如果有擺不下的洋梨，則切成小丁，塞入空隙。再撒上杏仁片。

3 把 2 放在溫熱的烤盤上，放進預熱至 180 度的烤箱，烤 50 分鐘～1 小時，如果烤到一半覺得要烤焦了，請將溫度調低 10 度，烤到表面呈現金黃色。取出後，連同塔模放在蛋糕冷卻架上散熱。

4 在小鍋裡倒入杏桃果醬和水，開中火煮到沸騰，用網勺過濾。再倒回鍋子裡，以中火加熱，煮到呈現黏稠狀後，加入西洋梨香甜酒，關火。用湯匙塗抹在脫模的 3 上（圖 c）。

※ 用琺瑯盒製作的塔皮也可以同樣的方式製作。

※ 塗在上面的果醬建議使用西洋梨香甜酒，這是用洋梨釀的白蘭地，具有強烈的洋梨風味及香氣，所以經常用來製作洋梨點心。

焦糖香蕉塔→p.76

焦糖香蕉塔

這是不使用塔模，直接把麵團的邊緣折進來做的塔。香蕉與焦糖融為一體，可以享用到剛出爐時入口即化、冷卻後酥酥脆脆的口感。

材料（直徑 19 cm 的塔模 1 個）

塔皮 ……… 1 張（參照 p.11）

※ 參照 p.12～16 製作塔皮。參照 p.17 的步驟 1、p.21 的步驟 8，放在 30×35 cm 的烘焙紙上，擀成直徑 23～24 cm 的圓形，用叉子戳洞，冷凍 15 分鐘。

焦糖醬

A ┌ 白糖 ……… 40 g
　└ 水 ……… 1 小匙
鮮奶油 ……… 60 ml
蘭姆酒（也可省略）……… 1 小匙
鹽 ……… 少許

香蕉 ……… 2 根

裝飾
牛奶 ……… 少許
白糖 ……… 2 大匙
核桃 ……… 2 大匙

前置作業
• 核桃稍微切碎。
• 將烤盤放進烤箱裡，預熱至 180 度。

1 製作焦糖醬。把 A 倒進小鍋裡，開中火稍微煮到焦。鍋子要側著拿，別讓焦糖集中於一處。加熱到鍋底形成薄薄一層的焦糖，呈現焦糖色。

2 關火，慢慢地倒進鮮奶油（鮮奶油會濺出來，要小心別燙傷了）。

3　再次開中火，加入蘭姆酒，用橡皮刮刀攪拌，煮到呈現濃稠狀為止。加鹽攪拌，取出 1 大匙作為裝飾用，剩下的移到耐熱容器裡，放涼備用。

4　從冷凍庫取出塔皮，用湯匙將作法 **3** 的焦糖醬塗抹在距離邊緣 2 cm 的內側。

5　香蕉切成 5 mm 厚，放在焦糖醬上。將塔皮的邊緣往內折，蓋住外側的香蕉。淋上事先預留備用的焦糖醬。

6　用橡皮刮刀將牛奶塗抹在塔皮的邊緣，撒上白糖。連同烘焙紙放在溫熱的烤盤上，放進預熱至 180 度的烤箱，烤 20 分鐘取出，把核桃撒在香蕉上。將烤箱的溫度降低到 170 度，再烤 20 分鐘取出，放在蛋糕冷卻架上散熱。

草莓紅豆塔

不用塔模製作的塔。紅豆和草莓十分對味。烤熟的草莓就跟果醬一樣軟綿綿的,將甜味都濃縮在裡面了。

材料(直徑 16 cm 的塔模 1 個)

<u>塔皮</u> ……… 1 張(參照 p.11)

※ 參照 p.12～16 製作塔皮。參照 p.17 的步驟 1、p.21 的步驟 8,放在 30×35 cm 的烘焙紙上,擀成直徑 22 cm 左右的圓形,用叉子戳洞,放進冷凍庫冰 15 分鐘。

紅豆泥(市售)……… 4 大匙
草莓 ……… 200 g

裝飾
牛奶 ……… 少許
白糖 ……… 3 大匙

前置作業
• 將烤盤放進烤箱裡,預熱至 200 度。

1 從冷凍庫裡取出塔皮,用橡皮刮刀將紅豆泥塗抹在距離邊緣 2 cm 的內側(圖 **a**)。

2 草莓直切成兩半,放在紅豆泥上。將塔皮的邊緣往內折,蓋住外側的草莓。

3 用橡皮刮刀將牛奶塗抹在塔皮的邊緣,撒上白糖。連同烘焙紙放在溫熱的烤盤上,放進預熱至 200 度的烤箱,烤 10 分鐘。將烤箱的溫度降低至 180 度,再烘烤 40 分鐘取出,放在蛋糕冷卻架上散熱。

a

翻轉蘋果塔→p.82

翻轉蘋果塔

須另外製作焦糖醬。蘋果要預先烤過，讓水分揮發，雖然會有點花時間，但會讓蘋果整個染上融合的焦糖味。請把所有蘋果都確實地浸泡在焦糖醬裡，讓味道完全滲透進去。

材料（16×20.5cm的琺瑯盒1個）

烤過的塔皮 ……… 1張（參照p.11）

※ 參照p.12～16製作塔皮。參照p.22的步驟1～2，擀成16.5×21cm（琺瑯盒的開口外圍大小），用叉子戳洞。以預熱至180度的烤箱烤30分鐘，拿出來放涼。

焦糖醬
白糖 ……… 50g
水 ……… 1大匙

事先烤過的蘋果
蘋果（紅玉）
……… 1kg左右（淨重850～950g）
白糖 ……… 70g
無鹽奶油 ……… 20g

前置作業
• 奶油切成1cm的小丁。
• 烤箱預熱至180度。

1　預烤蘋果。把烘焙紙鋪在烤盤上，蘋果削皮、去芯，切成8塊，排在烤盤上。分散地放上奶油，再均勻地撒上白糖。放進預熱至180度的烤箱，烤30分鐘後取出。

2　製作焦糖醬。把焦糖醬的材料倒入小鍋，開中火，一邊晃動鍋子，煮到呈現焦糖色（焦糖醬會濺出來，要小心別燙傷了）。再加熱到變成醬油色關火，倒進琺瑯盒。

3 把 **1** 的蘋果排在 **2** 裡。重疊時第一排切口朝上、第二排切口朝下。再塞滿剩下的蘋果，用刮板刮起烤盤上的果汁，倒入邊緣和空隙之間。

※ 果汁含有果膠（凝固的成分），因此倒回琺瑯盒再回烤，就能烤出四個角都很漂亮的翻轉蘋果塔。

4 為烤盤鋪上新的烘焙紙，放上 **3**，再蓋上另一張烘焙紙，放上另一個大小相同的琺瑯盒（沒有的話，只要能壓得很平均，又能放進烤箱裡，利用其他工具也可以）以製造重量，放進 180 度的烤箱裡烤 30 分鐘後取出。

5 連同烤盤將 **4** 放在桌上，徹底地按壓放在上面的琺瑯盒，小心別讓蘋果從琺瑯盒跑出來，將之固定（小心不要燙傷了）。用橡皮刮刀把從琺瑯盒溢出來的焦糖刮回四個角。依照琺瑯盒的開口內側（15 × 19 cm）裁切烤好的塔（塔皮烤好後會縮，所以如果能剛好塞進去的話，也可以不用切）。

6 牢牢地蓋上 **5** 的塔皮，用 180 度的烤箱烤 20 分鐘。連同琺瑯盒放在蛋糕冷卻架上，散熱後放進冰箱，冷藏 1 小時以上。在大小足以放入整個琺瑯盒底部的平底鍋裡注入 1～2 cm 高的熱水。從冰箱裡取出琺瑯盒，將底部浸泡在熱水裡加熱。用刮刀（或水果刀）沿著琺瑯盒的邊緣繞一圈，從琺瑯盒裡倒出來。

令人眼睛一亮的送禮包裝

派塔能為餐桌增添氣氛，最適合帶去參加派對或分享給親友。以下為各位介紹幾種簡單又好看的包裝技巧。

用塔模製作的鹹派

外燴使用的比薩盒最適合用來攜帶鹹派了。也建議用便宜的塔模製作，直接連同塔模送給對方。在白色的盒子裡鋪上蠟紙，再用紙繩綁起來，就成了落落大方的禮物。

用琺瑯盒製作的塔

以琺瑯盒製作的派塔易於包裝，只要有防止油汙沾黏的蠟紙和拉菲草紙線就行了。連同琺瑯盒整個放在紙上，把上下兩端的紙拉起來折成三折，再把旁邊多出來的紙折入，用拉菲草紙線綁起來即可。最後再加上用來切塔的刀子，一起帶去會場。

切片的塔

一片一片地把切片的塔放進烘焙紙或紙盤上，再裝入油紙袋。折起袋口，與橡樹等形狀可愛的葉子一起釘起來，既令人驚豔，又能讓釘書針不明顯，可謂一石二鳥。

零食餅乾

像秤重賣的零食那樣，重點在於豪氣地隨興裝進透明的袋子裡。利用行李條綁住袋口，再剪掉多餘的長度即可。還能寫上想告訴對方的訊息，收禮者收到一定能感受到滿滿心意。

解決各種疑難雜症的Q&A

　　派塔的製作方式很簡單，不過在不熟悉的情況下還是有可能失敗。以下便以問答的方式為各位解惑，遇到困難時該如何因應、越做越順手的訣竅。

Q1
塔皮要先烤一遍好麻煩，
一定要預烤嗎？

A
如果要倒入蛋奶液那種水分比較多的內餡，塔皮一定要先烤過一遍。如果不先烤一次可能會烤不熟，或塔皮可能會太軟，以上皆是造成失敗的原因。不過，如果要放上水分比較少的杏仁醬或洋梨塔（p.72）、不使用模具直接烤的塔（p.74、p.78），也有不需要預烤的作法，請嘗試看看。

Q2
鋪進模具時，麵團很鬆散，
無法揉成一團，
這樣沒問題嗎？

A
在麵團裡加入奶油時，如果切拌得不夠均勻，就會變得很鬆散。如果直接鋪進模具，當奶油融化，可能會出現破洞。為了讓麵團達到均勻的狀態，請不厭其煩地反覆敲打麵團、用擀麵棍擀開，將麵團揉成一團，再鋪進模具裡。

Q3
烤過的塔皮出現裂痕，
該怎麼辦？

A
如果塔皮有裂痕，容易讓蛋奶液溢出來。如果裂痕不大，請留下1大匙用來製作蛋奶液的蛋液，用刷子刷在塔皮上，5分鐘後再烤一次即可。如果是鹹派，將起司鋪在塔皮的底部烘烤過後，再倒入蛋奶液也是一個有效的補救方法。下次做的時候，記得要像Q2那樣多加幾次敲打、擀開的作業。

Q4
烤好的派皮有洞還可以用嗎？

A
直接烤的話，蛋奶液可能會跑出來。如果洞太大，用蛋液也無法補救，所以請把多出來的麵團貼在洞上，用手指壓平，把洞補起來。

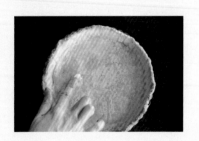

Q5

多的蛋奶液該怎麼處理？

A

如果怕浪費而在塔中灌滿蛋奶液，很容易導致失敗，因此請把塔皮放在烤盤上，注入到 7 分滿是最基本的作法。剩餘的蛋奶液，可以用於烤了 10 分鐘左右的塔，注入後再放回烤箱烘烤。如果這樣還用不完，也可以倒入小盅，與汆燙過的蔬菜一起放進烤箱裡烘烤，製作成另一道點心。

Q7

如果蛋奶液從塔皮跑出來，
該怎麼辦才好？

A

注入蛋奶液時或烤的時候，蛋奶液可能會從塔皮流出來，這時可以繼續烤，因為烤熟後，蛋奶液就會凝固。不過如果蛋奶液流到烤盤上，就會烤焦，不妨用錫箔紙把塔模包起來再烘烤，或是先在烤盤鋪上烘焙紙。

Q6

派塔什麼時候吃最好吃？
有最佳的保存期限嗎？

A

依作法而異，先放涼，等蛋奶液及內餡凝固，塔皮也變得酥酥脆脆的狀態比剛出爐更美味。鹹派的保存期限為冷藏 2 天。第二天要吃之前可以先拿出來，放到常溫再享用，也可以用小烤箱稍微加熱，會更酥脆好吃。若是烤過的塔，保存期限為常溫 3 天；如果是新鮮的水果塔，保存期限為冷藏 2 天；如果是蛋奶液裡加入了鮮奶油的塔，保存期限為冷藏 3 天。

Q8

分切時塔皮容易破碎、餡料變形，
如何才能切得漂亮？

A

首先，徹底放涼十分重要。待完全冷卻後，再使用切麵包用的鋸齒狀餐刀分切，切的時候不要用力壓，稍微讓刀片前後滑動，以拉扯的方式在塔皮上劃一刀，就能切得很漂亮。如果使用的是菜刀，請先用熱水加熱刀片，擦乾水分再切就可以很好切了。

Part 4
變化版&下酒菜塔派

法國也有很多不使用蛋奶液所製作而成的鹹塔，
又香又辣，很適合作為下酒點心，
有些充滿蔬菜，可作為開胃小點。
作法很簡單，隨時都可以做，
也很適合做成餅乾送給親友。

哈里薩辣醬牛肉塔→p.90

哈里薩辣醬牛肉塔

哈里薩在日本、法國都是很有名的辣醬。用這種以辣椒為基底的調味料做成又香又辣的下酒菜塔。鋪在底下的茄子會幫忙吸收肉餡釋放出來的油分。

材料（直徑 18 cm 的塔模 1 個）

烤過的塔皮 ……… 1 張
（參照 p.11～21，用叉子在底部戳洞的塔皮）

肉餡
橄欖油 ……… 1 小匙
A ┌ 切碎的洋蔥 ……… 30 g
　├ 切碎的蘑菇 ……… 5 個
　└ 鹽 ……… 1 小撮
牛絞肉 ……… 200 g
鹽 ……… 1/4 小匙
B ┌ 切碎的番茄 ……… 1/2 個（淨重 70 g）
　├ 麵包粉 ……… 3 大匙
　├ 伍斯特辣醬 ……… 2 小匙
　├ 小茴香籽 ……… 1/3 小匙
　├ 胡荽籽 ……… 1/3 小匙
　└ 哈里薩辣醬 ……… 2 小匙

茄子 ……… 1 條

沙拉
切開的嫩生菜 ……… 30 g
切開的香菜 ……… 1 小把
切成薄片的紫洋蔥 ……… 少許
切成扇形的番茄 ……… 1 個
薄荷葉 ……… 少許

沙拉醬
橄欖油 ……… 2 大匙
萊姆汁（或檸檬汁）……… 1 小匙
鹽 ……… 少許

哈里薩辣醬

可以在進口食材店買到。以辣椒為基底，加入小茴香等辛香料的糊狀調味料。

※ 如果買不到哈里薩辣醬，亦可用 1/2 小匙小茴香籽、少許辣椒粉、1 小匙豆瓣醬、1/3 小匙蒜泥、1/2 大匙橄欖油、少許鹽調和製作。

1 製作肉餡。在平底鍋內倒入橄欖油，開中
火加熱，加入 **A**，把洋蔥炒軟，移到琺瑯
盒裡，放涼備用。

2 把牛肉和鹽放入調理碗，用手仔細地揉捏
均勻，加入 **1** 和 **B**，充分地揉捏入味。

3 茄子切成 5 mm 厚的圓片或半月形。撒少
許鹽（分量另計），靜置一下。

4 用廚房專用紙巾擦乾 **3** 的水分，排在烤
過的塔皮裡。放上 **2**（圖 **a**），用橡皮刮
刀以往中央微微隆起的方式抹平（圖
b）。放入預熱至 180 度的烤箱，烤 30 分
鐘，取出後，連同塔模放在蛋糕冷卻架上
散熱。

5 把沙拉和沙拉醬的材料倒進另一個調理
碗，稍微拌勻，放在 **4** 上。

※ 用琺瑯盒製作的塔皮也可以同樣的方式製作。

a

b

小番茄櫛瓜塔

小番茄可以和預烤的塔皮一起烤。烤過的番茄，水分可以揮發得恰到好處，甜度倍增。將五顏六色的食材依序重疊，就成了切開後剖面也很精緻的塔。

材料（直徑 18 cm 的塔模 1 個）

尚未盲烤過的塔皮 ……… 1 張
（參照 p.11～21 的步驟 8，用叉子在底部戳洞的塔皮）

烤小番茄
小番茄 ……… 10 個
橄欖油 ……… 少許
鹽 ……… 少許

青醬
剁碎的蘿勒葉 ……… 3～4 片
蒜泥 ……… 1/2 瓣
橄欖油 ……… 少許
鹽 ……… 少許

義式肉腸 ……… 100 g（或 5 片火腿）
櫛瓜 ……… 1/2 條
莫札瑞拉起司 ……… 1/2 個

前置作業

• 將烤盤放進烤箱裡，預熱至 180 度。

1 將烘焙紙鋪在塔皮裡，放上壓派石。把塔皮放在溫熱的烤盤上，放進預熱至 180 度的烤箱裡烤 20 分鐘，連同烤盤一起取出。將烘焙紙鋪在烤盤的空隙，再把橫切成兩半的番茄切口朝上，排在烘焙紙上，淋上橄欖油、撒上鹽巴。放回烤箱，烤 15 分鐘後取出（圖 **a**），放涼備用。

2 把青醬的材料倒入調理碗拌勻。分別將義式肉腸和櫛瓜切成 4～5 mm 厚，再把莫札瑞拉切成 2 cm 厚的圓片。

3 盡可能以不要重疊的方式把義式肉腸鋪滿在 **1** 的塔皮裡（如果是火腿，不用切，直接放上去即可）。櫛瓜則以稍微重疊的方法沿著外圍排一圈，剩下的排在中間。將 **1** 的小番茄放在中央，淋上青醬，放進 180 度的烤箱烤 10 分鐘後取出，均勻地放上莫札瑞拉起司，再烤 5 分鐘就完成了。

※ 用琺瑯盒製作的塔皮也可以同樣的方式製作。

a

焗烤塔

焗烤塔的特色是可以趁熱吃到香濃的白醬與起司交織的風味，也可以放涼後再切開來享用，酥酥脆脆的塔皮與白醬也非常對味。不只菠菜，只要是能加到焗烤裡的食材都可以自由變化。

材料（16×20.5 cm的琺瑯盒1個）

烤過的塔皮 ……… 1張
（參照p.11～15、22～23，底部用叉子戳洞的塔皮）

菠菜 ……… 1/2 把
火腿 ……… 2 片
無鹽奶油 ……… 少許
切成薄片的大蒜 ……… 1/2 瓣
切成薄片的蘑菇 ……… 50 g

白醬
無鹽奶油 ……… 30 g
低筋麵粉 ……… 30 g
牛奶 ……… 300 ml
A ┌ 鹽 ……… 少許
　│ 胡椒 ……… 少許
　└ 肉豆蔻粉 ……… 少許

格呂耶爾起司粉（或起司粉）……… 20 g

1 菠菜燙軟後，浸泡冷水，再完全擰乾水分，切成便於食用的長度。火腿切成 5 mm 寬的細絲，再對半切開。

2 把奶油和蒜片放入平底鍋，開中火爆香，炒出香味後再加入蘑菇，炒熟後移到琺瑯盒，放涼備用。

3 製作白醬。把奶油倒進鍋子，開小火，待奶油融化後，加入低筋麵粉，用木杓拌炒。炒到看不見粉末狀後，分次倒入牛奶，仔細攪拌均勻，煮成柔滑細緻狀，再加入格呂耶爾起司拌炒。加 A 調味，關火。

4 把 1、2 加到 3 的鍋子裡，稍微攪拌一下，倒進烤過的塔皮裡，鋪平。用預熱至 200 度的烤箱烤15 分鐘。

※ 用琺瑯盒製作的塔皮也可以同樣的方式製作。

紅椒生火腿沙拉塔

在烤成圓形的塔皮裡加入烤得熟透香甜的紅椒和十分對味的生火腿，做成像麵包般的開胃小點。先塗上香草醬，再放生菜，就能保留塔皮酥酥脆脆的口感。

材料（直徑 23 cm 的塔模 1 個）

塔皮 ……… 1 張（參照 p.11）

※ 參照 p.12～16 製作塔皮。參照 p.17 的步驟 1、p.21 的步驟 8，放在 30×35 cm 的烘焙紙上，擀成直徑 24 cm 左右的圓形，用叉子戳洞，放進冰箱冷凍 15 分鐘。

紅椒 ……… 1 大個
橄欖油 ……… 1 小匙

香草醬
原味優格 ……… 100 g
鮮奶油 ……… 50 ml
鹽 ……… 1/4 小匙
喜歡的香草（時蘿、細葉香芹）切碎
……… 1 大匙

配料
生火腿 ……… 4～5 片
菊苣 ……… 2～3 片
紫洋蔥 ……… 少許
喜歡的香草 ……… 各少許

前置作業
- 把濾勺架在調理碗上，鋪上廚房專用紙巾，倒入優格。放進冰箱冷藏 30 分鐘以上，瀝乾水分，取 50 g（或使用 50 g 的希臘式優格）。
- 將烤盤放進烤箱裡，預熱至 180 度。
- 紫洋蔥切成薄片，稍微過一下水，加入醋和鹽各少許（分量另計），揉搓備用。

1 從冷凍庫拿出塔皮，連同烘焙紙放在溫熱的烤盤上。在烤盤的空隙鋪上錫箔紙，放上沒有切的整顆紅椒，淋上橄欖油（稍微立起錫箔紙的邊緣，以免烤好時湯汁流出來）。放進預熱至 180 度的烤箱烤 25～30 分鐘，烤到表面呈現焦色，取出塔皮，放在蛋糕冷卻架上，徹底地散熱。再拿出紅椒，用錫箔紙包起來放涼，削皮、去籽，切成便於食用的大小。

2 製作香草醬。把鮮奶油倒進調理碗，用打蛋器打到 7 分發（約莫可以拉出軟軟的角），加入瀝乾水分的優格，攪拌均勻。再加入鹽和香草，攪拌到柔滑細緻。

3 用橡皮刮刀將 **2** 塗在 **1** 的塔皮上（圖 **a**），放上 **1** 的紅椒。菊苣太大片時，請切成兩半，與生火腿一起堆疊上去，再放上紫洋蔥、香草裝飾。

a

餅乾佐番茄酪梨醬

用塔皮做成簡單的下酒菜，直接吃就很好吃，餅乾的鹹味與蔬菜醬也很對味。

• 餅乾

材料（6×5 cm的三角形16片）

塔皮 ……… 1張（參照p.11）

※ 參照p.12～16製作塔皮。

鹽、胡椒 ……… 各適量

1　把塔皮放在30×35 cm的保鮮膜上，再疊上一張保鮮膜，用擀麵棍擀成寬12×長20 cm左右。撕開上面那張保鮮膜，撒上鹽、胡椒，依個人口味再撒上少許起司粉，放進冰箱冷凍15分鐘。取出後，橫切成2等分、直切成4等分的長方形，再各自從對角線切開，切成三角形。

2　將烘焙紙鋪在烤盤上，放上 1 的塔皮，中間要保持間隔，放進預熱至170度的烤箱烤20～25分鐘後，拿出來放在蛋糕冷卻架上散熱。

• 酪梨醬

材料（容易製作的分量）

酪梨 ……… 1個
蒜泥 ……… 少許
希臘式優格 ……… 1大匙
橄欖油 ……… 少許
鹽 ……… 適量
咖哩粉 ……… 少許

1　酪梨削皮、去籽，放入調理碗，用叉子搗成泥。

2　加入剩下的材料，攪拌均勻。

• 番茄醬

材料（容易製作的分量）

牛番茄 ……… 1個
鹽 ……… 少許
橄欖油 ……… 1小匙
塔巴斯科辣椒醬 ……… 少許
剁碎的蘿勒葉 ……… 少許

1　番茄泡熱水剝皮、去籽，稍微切碎。

2　將番茄放入調理碗，加入剩下的材料，攪拌均勻。

起司派

在塔皮上撒上帕馬森起司、鹽、黑胡椒再烘烤
即可,作法非常簡單。只要和乾燥劑一起保存,
就能保存很多天,所以很適合當作送禮點心。

材料(2.5×4 cm 的起司派 28 片)

烤過的塔皮 ⋯⋯⋯ 1 張(參照 p.11)

※ 參照 p.12~16 製作塔皮。

帕馬森起司粉 ⋯⋯⋯ 3 大匙
鹽 ⋯⋯⋯ 比 1/4 小匙再少一點
黑胡椒 ⋯⋯⋯ 少許

1 將 1 大匙帕馬森起司撒在 30×35 cm 的保鮮膜上,放上塔皮,用擀
   麵棍擀開。將塔皮翻面,對折,把沾上帕馬森起司的那一面折進去,
   再撒上 1 大匙帕馬森起司,擀開塔皮,對折。撒上剩下的帕馬森起
   司,擀成寬 16×長 18 cm 左右,撒上鹽、黑胡椒,放進冰箱冷凍
   15 分鐘,取出後橫切成 4 等分、直切成 7 等分的長方形。

2 將烘焙紙鋪在烤盤上,放上 1 的塔皮,中間要保持間隔,放進預熱
   至 170 度的烤箱烤 20~25 分鐘。取出後放在蛋糕冷卻架上散熱。

楓糖肉桂棒

讓塔皮沾滿肉桂糖，烤成棒狀，就是一
款口感非常有趣的餅乾。楓糖漿與砂糖
融解後，甜甜的風味更加迷人。

材料（1.5×9 cm的肉桂棒 20 根）

<u>塔皮</u> ········ 1 張（參照 p.11）

※ 參照 p.12～16 製作塔皮。

肉桂糖
白糖 ········ 3 大匙
肉桂粉 ········ 1/3 小匙

楓糖漿 ········ 1/2 大匙

1　在調理碗中倒入肉桂糖的材料，混合攪拌均勻，倒 1 大匙在 30×35 cm 的保鮮膜上，
　　放上塔皮，用擀麵棍擀開。把塔皮翻過來，對折，把沾上肉桂糖的那一面折進去，再
　　撒上 1 大匙肉桂糖，擀開塔皮，對折。撒上剩下的肉桂糖，擀成寬 18×長 15 cm 左右，
　　放進冰箱冷凍 15 分鐘。取出後，橫切成 2 等分、直切成 10 等分的棒狀。

2　將烘焙紙鋪在烤盤上，放上 1 的塔皮，中間要保持間隔，放進預熱至 170 度的烤箱
　　烤 20 分鐘後先取出，均勻地淋上楓糖漿。再續烤 5 分鐘，取出後放在蛋糕冷卻架上
　　散熱。

基本的工具

為各位介紹製作派塔時不可或缺的基本工具，還有一些是讓製作起來更順手的加分小道具。

電子秤

數位式的電子秤是正確計量不可或缺的工具。最好準備可以測量到以1g為單位的電子秤。

調理碗

用來攪拌麵糊或蛋奶液、餡料，尺寸最好有大有小。請使用耐熱的玻璃碗。

濾勺

價格便宜的濾勺，可用來為各種粉類過篩，或是過濾蛋奶液及餡料。

橡皮刮刀

用於將蛋奶液注入塔皮、攪拌時可避免讓空氣跑進去。建議選擇耐熱的矽膠製橡皮刮刀。

打蛋器

用於攪拌粉類，或是攪拌奶霜等需要讓空氣進入時。

刮板

主要用於將奶油與粉類切拌均勻，按壓麵團、為麵團塑形時。請使用塑膠材質的刮板。

擀麵棍

使用於擀麵時。沒有把手或表面平整、造型簡單的木製擀麵棍比較好用。

烘焙紙、保鮮膜

使用於夾住麵團擀平時或烘烤時。不需要撲粉就能防止沾黏，還可以直接放進冰箱冷卻，非常方便。

壓派石

盲烤塔皮時，要先為麵團鋪一層烘焙紙，再放上壓派石。沒有的話，也可以改用250g左右的紅豆或舊米代替。

基本的材料

可以使用一般的材料製作，但如果想做得更美味好吃，選購時請參考以下的材料。

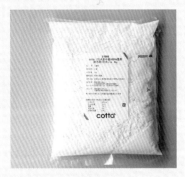

低筋麵粉

使用法國產的「écriture」。含有很多麩質，比較接近中筋麵粉，能烤出酥脆的口感。

白糖

清淡爽口的甜度是其特徵，適用於各式各樣的食材，是很適合烘焙的砂糖。

鹽

用的是富含礦物質、未經精製的「鹽之花」。除了可以為鹹派增加鹽分外，也能為甜點提味。

蛋

使用中型大小（1個約55 g，蛋黃20 g、蛋白35 g）的蛋。如果使用其他大小的蛋時，最好要先秤重。

奶油

使用無鹽奶油。建議使用風味濃郁的發酵奶油。

牛奶

從塔皮到蛋奶液、餡料都會用到牛奶，是用途廣泛的材料。請使用成分無調整的牛奶。

鮮奶油

請使用脂肪含量35％的鮮奶油來製作派塔。脂肪含量盡量不要超過45％。

橄欖油

使用特級初榨冷壓橄欖油。本書使用的是未經過濾的橄欖油，也可以使用過濾的橄欖油。

杏仁粉

將杏仁磨成粉，加進麵糊能增加香氣和風味。也可以用來做杏仁醬。

taste 15

鹹派 × 水果塔，30 款法式人氣派塔
ひとつの生地で気軽に作る フランス仕込みのキッシュとタルト

作　　　　者	若山曜子
日本製作團隊	設計／渡部浩美、攝影／邑口京一郎、擺盤／佐々木カナコ、 烹飪助理／細井美波、栗田茉林、池田愛実、西依亞莉沙、 校對／根津桂子、新居智子、編輯／守屋かおる、 中野さなえ（KADOKAWA）、攝影協力／cotta　https://www.cotta.jp
譯　　　　者	賴惠鈴
封 面 設 計	Rika
內 文 排 版	許貴華
行 銷 企 劃	蔡雨庭・黃安汝
出版一部總編輯	紀欣怡

出　版　者	境好出版事業有限公司
發　　　行	采實文化事業股份有限公司
業 務 發 行	張世明・林踏欣・林坤蓉・王貞玉
國 際 版 權	施維真・王盈潔
印 務 採 購	曾玉霞
會 計 行 政	李韶婉・許俶瑀・張婕莛
法 律 顧 問	第一國際法律事務所　余淑杏律師
電 子 信 箱	acme@acmebook.com.tw
采 實 官 網	www.acmebook.com.tw
采 實 臉 書	www.facebook.com/acmebook01

I　S　B　N	978-626-7357-02-6
定　　　價	380元
初 版 一 刷	2023年11月
劃 撥 帳 號	50148859
劃 撥 戶 名	采實文化事業股份有限公司 104台北市中山區南京東路二段95號9樓 電話：(02)2511-9798　傳真：(02)2571-3298

國家圖書館出版品預行編目資料

鹹派 x 水果塔,30 款法式人氣派塔 / 若山曜子著;賴惠鈴譯 . -- 初版 . -- 臺北市:境好出版事業有限公司出版:采
實文化事業股份有限公司發行 , 2023.11
104 面 ; 26×19 公分
譯自：ひとつの生地で気軽に作る：フランス仕込みのキッシュとタルト
ISBN 978-626-7357-02-6(平裝)
1.CST: 點心食譜

427.16　　　　　　　　　　　　　　　　　　　　　　　　　　　　112015670

HITOTSU NO KIJI DE KIGARU NI TSUKURU　FRANCE JIKOMI NO QUICHE TO TART
©Yoko Wakayama 2022
First published in Japan in 2022 by KADOKAWA CORPORATION, Tokyo.
Complex Chinese translation rights arranged with KADOKAWA CORPORATION, Tokyo
through Keio Cultural Enterprise Co., Ltd.